农业农村废弃物资源化利用技术科普丛书

农业农村废弃物处理与循环利用技术模式

赵立欣　姚宗路　主编

U0380875

中国农业出版社

北　京

图书在版编目（CIP）数据

农业农村废弃物处理与循环利用技术模式／赵立欣，
姚宗路主编 .—北京：中国农业出版社，2024.1
（农业农村废弃物资源化利用技术科普丛书）
ISBN 978-7-109-31708-6

Ⅰ.①农… Ⅱ.①赵…②姚… Ⅲ.①农业废物-废
物处理-研究②农业废物-循环利用-研究 Ⅳ.① X71

中国国家版本馆 CIP 数据核字 (2024) 第 048007 号

审图号：GS 京 (2024) 0991 号

中国农业出版社出版
地址：北京市朝阳区麦子店街18号楼
邮编：100125
责任编辑：陈 亭
版式设计：李 爽 责任校对：吴丽婷 责任印制：王 宏
印刷：北京通州皇家印刷厂
版次：2024年1月第1版
印次：2024年1月北京第1次印刷
发行：新华书店北京发行所
开本：889mm×1194mm 1/24
印张：$3\frac{2}{3}$
字数：75千字
定价：38.00元

编委会

前　言

农业农村废弃物处理与循环利用事关农业绿色发展、事关农村生态环境、事关群众切身利益，是"三农"工作的重要内容。党的二十大报告提出推进各类资源节约集约利用，加快构建废弃物循环利用体系，为推进农业农村废弃物处理利用指明了方向，提出了更高要求。

农业农村废弃物主要包括农作物秸秆、蔬菜尾菜、人畜粪污、农村有机生活垃圾等，经资源化利用可转化为肥料、燃料、生物基材料等产品，是农业农村重要的可再生资源。我国农业农村废弃物资源种类多、产生量大，2022年全国农业农村废弃物资源量超过46亿t。其中：秸秆产生量8.65亿t，综合利用率为88.1%；畜禽粪污产生量30.5亿t，资源化利用率为78%；蔬菜尾菜产生量超过4.8亿t，有2/3没有得到有效处理利用；农村有机生活垃圾产生量约1.5亿t，处理率约50%。农村生活污水产生量超过80亿t，治理率约30%。这些农业农村废弃物含大量有机质和养分，且不同类型废弃物的碳氮比、有机质含量、含水率等理化特性具有良好的互补性，可采用好氧堆肥、厌氧发酵等实用的就地就近循环利用技术，经过合理调配进行协同处理，有效提高废弃物转化效率，充分发挥其潜在价值，助力农业农村绿色低碳发展。

我国地域辽阔，不同地区气候条件、种植模式、经济社会发展水平差别较大，面临的农业农村废弃物处理利用需求也各不相同。本书针对我国东北、黄淮海、华南及长江中下游、西南、西北地区等不同区域，全面系统梳理了典型区域的自然地理特点、农业生产现状、农业农村废弃物处理利用需求，介绍了秸秆还田、清洁取暖、面源污染防治、废弃物高值利用等典型技术模式。本书以问答的形式进行阐述，简明清晰，内容丰富，图文并茂，具有较强的实用性和可操作性，可为从事废弃物资源化利用的研究人员、技术人员和行政管理人员等提供有益借鉴。

书中难免存在疏漏和不当之处，有待今后进一步研究完善，也敬请广大读者和同行批评指正，并提出宝贵建议，便于我们及时修订。

编　　者

2023 年 12 月 20 日

目　录

华南及长江中下游农业面源污染防控区

西南生态保育区

西北干旱区

///1. 东北地区主要包括哪些省份？

　　东北地区是指我国山海关以北的广大地区，南到黄海、渤海间的辽东半岛，北抵中俄界河黑龙江，东界乌苏里江、图们江、鸭绿江，分别邻俄罗斯和朝鲜，西到蒙古国的边界，包括辽宁、吉林、黑龙江三省，以及内蒙古东五盟市（呼伦贝尔市、通辽市、赤峰市、兴安盟、锡林郭勒盟），面积 147.41 万 km²，约占全国陆地总面积的 15.4%。

东北地区区域范围

2. 东北地区自然地理有什么特点？

地形条件： 中部和东北部平原广阔，西部高原地势平坦，周围山地环绕。

气候特点： 自南向北跨中温带与寒温带，属温带季风气候，四季分明，年平均气温8.4℃。夏季温热多雨，冬季寒冷干燥，全年0℃以下时间达6个月。自东南至西北，年降水量自1 000mm降至300mm以下，从湿润区、半湿润区过渡到半干旱区。

水文情况： 河湖众多，有黑龙江及其支流松花江、乌苏里江、嫩江，辽河等，水源充足。

耕地情况： 2021年耕地面积5.39亿亩[*]，约占全国耕地总面积的28%。土壤类型主要为黑土、黑钙土，土层深厚、土壤有机质含量高，是我国重要的黑土地保护区。黑土主要分布在松嫩平原、辽河平原和三江平原。

耕作制度： 一年一熟。

* 亩为非法定计量单位，1亩 ≈ 0.066 7公顷。——编者注

3. 东北地区农业生产现状如何？

东北地区地广人稀，是我国重要的粮食生产功能区和重要农产品生产保护区，也是我国最大的商品粮基地。

种植业。2021年，东北地区农作物播种面积4.75亿亩，其中粮食播种面积4.35亿亩，粮食总产量1.74亿t，占全国总产量的25%以上。主要种植玉米、水稻、大豆等，三者播种面积之比约为3.29∶1.05∶1。

玉米播种面积
2.51 亿亩
玉米产量
11 601.86 万 t

水稻播种面积
8 060.78 万亩
稻谷产量
4 134.34 万 t

大豆播种面积
7 644.09 万亩
大豆产量
961.55 万 t

养殖业。放牧和舍饲并存，西部平原、松嫩平原西部及部分林区草地是主要的放牧区，舍饲养殖主要分布在农耕区。近年来，国内大型畜牧业龙头企业相继布局东北地区，畜牧业发展迅速。2021年，肉类和奶类产量分别占全国总产量的13.2%和25.3%。

出栏生猪
7 413.60 万头
肉类产量
1 186.56 万 t

存栏奶牛
185.56 万头
奶类产量
956.74 万 t

出栏家禽
16.88 亿羽
禽蛋产量
581.95 万 t

4. 东北地区农业农村废弃物处理利用面临哪些问题？

（1）黑土地耕作层变薄、变瘦，耕地质量下降

东北地区有 2.78 亿亩典型黑土区耕地面积，是世界上最适宜耕作的土地之一。近年来，受持续高强度利用和水土流失等影响，黑土质量不断下降，耕作层变浅变硬、有机质含量降低、障碍层次增厚、土壤养分失衡、土壤酸化碱化等问题频发。近 60 年黑土耕作层土壤有机质含量下降约 1/3，平均有机碳含量每 10 年下降 0.6～1.4g/kg，黑土厚度年均减少 7mm，平均厚度仅 20～30cm。

（2）秸秆产生量大，处理难度高

东北地区每年秸秆产生量超过 2 亿 t，占全国总量的 20% 以上。以玉米秸秆、水稻秸秆为主，主要利用方式为直接还田，少部分用作饲料和燃料。作物收获一般在 10 月中上旬，10 月下旬开始自北向南逐步进入冰冻期，秸秆还田作业时间较短，且由于近年来推广长生育期品种，作业时间被进一步压减。此外，秸秆还田后难以完全腐解，影响下茬作物生长。

（3）农村清洁取暖率不高，清洁能源需求量大

东北地区冬季寒冷漫长，采暖时间长，村庄相对分散，分户采暖较为普遍，燃料仍以煤炭或薪柴为主，清洁能源取暖比例不高。农村地区一个采暖季燃料消耗量折合标准煤 20～25kg/m²，燃料用量大。随着人们生活水平和环保意识的提高，对清洁能源的需求不断增长。

5. 东北地区秸秆还田主要有哪些技术模式？

东北地区秸秆还田方式主要为直接还田、堆沤还田。其中，直接还田包括玉米秸秆碎混还田、玉米秸秆条带覆盖还田、玉米秸秆深翻还田、水稻秸秆翻埋还田、水稻秸秆旋耕还田等技术模式。秸秆的堆沤还田一般与其他农业废弃物如蔬菜尾菜、畜禽粪污等一起进行，见后文介绍的农业废弃物堆沤还田技术模式。

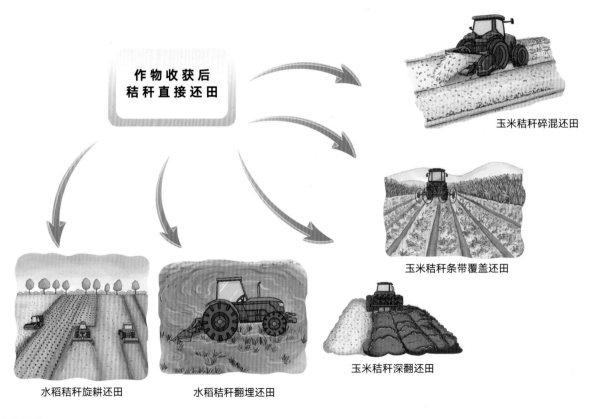

玉米秸秆碎混还田

玉米秸秆条带覆盖还田

玉米秸秆深翻还田

水稻秸秆旋耕还田　　水稻秸秆翻埋还田

作物收获后
秸秆直接还田

（1）玉米秸秆碎混还田技术模式

该模式适宜在秋季作业，尤其适用于土壤质地黏重、通透性差的田块及温度低、降水量大的丘陵地区和山区。秋季玉米收获后，将秸秆粉碎并均匀抛撒覆盖地表，粉碎长度≤10cm，切碎长度合格率≥85%。在土地封冻前，采用大功率拖拉机配备松耙联合整地机，将玉米秸秆及根茬粉碎并与土壤充分混拌，深松作业深度在30cm以上。土壤含水率在25%左右时耙地，耙深15～20cm。起垄后及时重镇压，达到待播状态。

技术流程： 玉米收获—秸秆粉碎抛撒—松耙（灭茬）联合整地—起垄镇压—玉米播种。

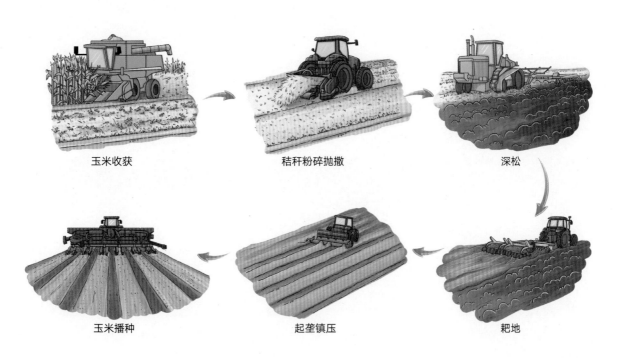

玉米收获　　　　　　　　　秸秆粉碎抛撒　　　　　　　　　深松

玉米播种　　　　　　　　　起垄镇压　　　　　　　　　耙地

（2）玉米秸秆条带覆盖还田技术模式

　　该模式适用于年平均降水量在 450mm 以下、地势平坦、适宜机械作业的地区。玉米机械收获的同时将秸秆粉碎，并均匀抛撒覆盖地表越冬，秸秆粉碎长度≤ 20cm，留茬平均高度≤ 15cm。采用秸秆归行机械将下茬玉米播种行上覆盖的秸秆向两侧分离，清理出地表裸露的待播种带（行）。播种带宽 40 ~ 50cm，休闲带宽 80 ~ 90cm。第二年春季免耕播种。

　　技术流程： 玉米收获—秸秆粉碎抛撒—秸秆归行—玉米免耕播种。

秸秆归行

玉米免耕播种

（3）玉米秸秆深翻还田技术模式

该模式适用于降水量在 450mm 以上的地区，要求土地平整、土层厚度在 30cm 以上。秸秆翻埋还田要抢在秋季收获后、上冻前完成，收获玉米的同时将秸秆粉碎并均匀抛撒覆盖地表，秸秆粉碎长度 ≤ 20cm，留茬高度 ≤ 10cm，每亩喷撒腐熟剂 2kg。粉碎后采用大功率拖拉机配套大型翻转犁或大型翻地犁进行翻耕作业，翻深 30cm 以上，确保深浅一致、地表无秸秆残茬。翻后用对角耙进行耙耢联合作业 2 遍。耙后起垄镇压，达到待播状态。

技术流程：玉米收获—秸秆粉碎抛撒—喷撒腐熟剂—翻埋整地—起垄镇压—玉米播种。

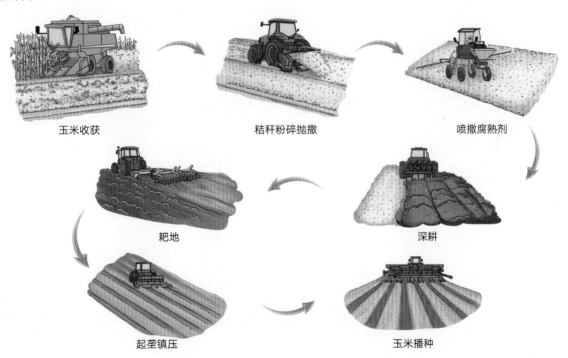

玉米收获　　　　　　　秸秆粉碎抛撒　　　　　　喷撒腐熟剂

耙地　　　　　　　　　深耕

起垄镇压　　　　　　　玉米播种

（4）水稻秸秆翻埋还田技术模式

该模式适用于耕层较厚、地块较大且连片的水稻生产区，耕层浅薄的"漏水"地块慎用。水稻收获后将秸秆粉碎并均匀抛撒在田间，粉碎长度 ≤ 10cm，留茬高度 10～20cm。翻地深度 15～25cm，立垡一致，每亩增施尿素 3kg 左右，与秸秆混合埋入土层。适时放水泡田 3～5d，泡田水深过耕层 2～3cm，然后用搅浆平地机进行搅浆平地作业 1～2 次，作业时水深控制在 1～2cm，作业后地表平整无残茬，沉淀 3～5d 后达到待插秧状态。

技术流程： 水稻收获—秸秆粉碎抛撒—翻埋整地—泡田—搅浆平地—水稻插秧。

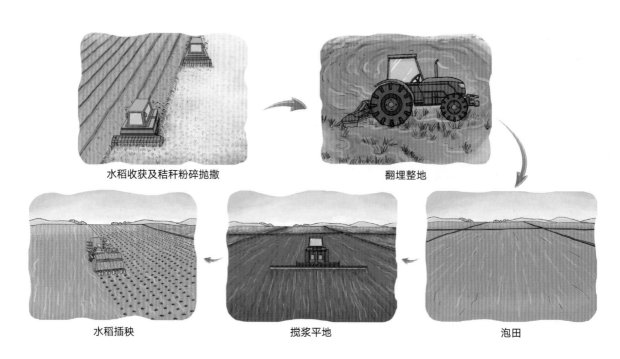

水稻收获及秸秆粉碎抛撒　　　翻埋整地

水稻插秧　　　搅浆平地　　　泡田

（5）水稻秸秆旋耕还田技术模式

该模式适用于大部分水稻产区，尤其是积温较高地区或平原种植区。水稻收获后，将秸秆粉碎抛撒还田，秸秆粉碎长度≤10cm，留茬高度≤10cm。粉碎后采用旋耕机进行旱旋作业，将秸秆及根茬旋埋于土壤中，放水泡田3~5d，水深2~3cm。然后用搅浆平地机进行搅浆平地作业，作业时水深控制在1~3cm，作业后地表平整无残茬，沉淀3~5d后达到待插秧状态。

技术流程：水稻收获—秸秆粉碎抛撒—机械旋耕—泡田—搅浆平地—水稻插秧。

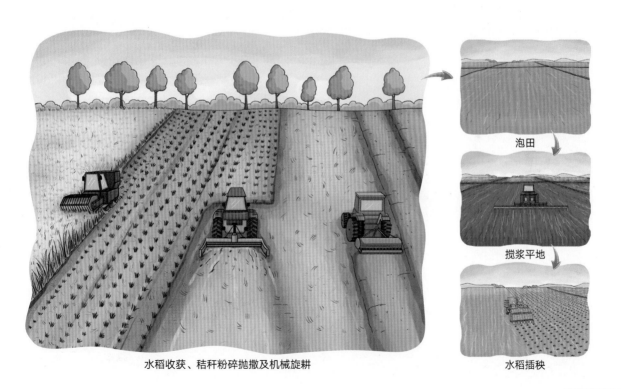

水稻收获、秸秆粉碎抛撒及机械旋耕

泡田

搅浆平地

水稻插秧

（6）农业废弃物堆沤还田技术模式

将粉碎的玉米秸秆、水稻秸秆等农作物秸秆及蔬菜尾菜（粉碎长度≤10cm），与畜禽粪污等按照一定比例混配，混配后的物料含水率控制在45%～65%，碳氮比（C/N）调至（25~35）：1，添加一定量的腐熟剂，然后堆成条垛，利用微生物进行自然发酵，堆沤过程中根据需要翻堆1~2次，待来年春耕前发酵完成，可作为基肥施用，就地还田。也可在条垛堆沤后进行高温发酵腐熟，生产有机肥，再施用于作物。

技术流程：秸秆、尾菜等粉碎＋畜禽粪污—混配调质（调节水分、C/N，添加腐熟剂等）—发酵腐熟—有机肥还田。

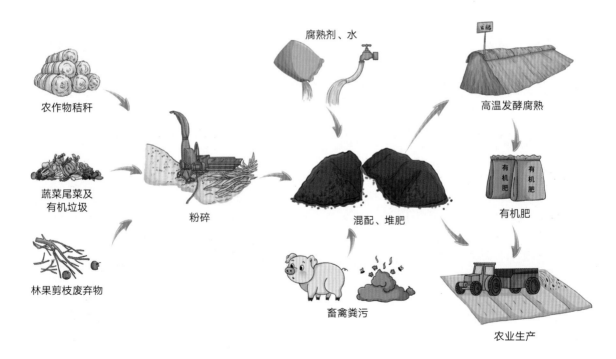

农作物秸秆

蔬菜尾菜及有机垃圾

林果剪枝废弃物

粉碎

腐熟剂、水

混配、堆肥

畜禽粪污

高温发酵腐熟

有机肥

农业生产

6. 东北地区农村清洁取暖有哪些技术模式?

东北地区冬季严寒,采暖期长,供暖用能需求量大,农村多以散煤、薪柴为燃料进行分散取暖,燃烧效率低、污染排放高。为满足农村冬季清洁取暖需求,可采用秸秆打捆直燃集中供暖或生物质成型燃料供暖等技术模式。

(1) 秸秆打捆直燃集中供暖技术模式

秸秆打捆直燃集中供暖是将秸秆用机械打捆后,直接作为燃料在专用锅炉内燃烧产生热能,通过供热管网为农村社区、乡镇政府、学校、医院等集中供暖。具有操作方便、运行成本低、清洁环保等特点,灰渣可作为基肥还田。要求秸秆原料含水率 <30%、含土量 <20%。捆烧锅炉的积热负荷为 $110\sim120kW/m^3$,热效率可达 80% 以上,颗粒物等污染物排放量均低于国家排放标准。一般最低供暖面积不小于 1 万 m^2。

以供暖面积 1 万 m^2 为例,配置 1.4MW 捆烧锅炉,供暖 180d,年消耗秸秆约 800t,秸秆捆按200元/t计算,燃料成本约为 16 元 /m^2。

秸秆捆烧锅炉

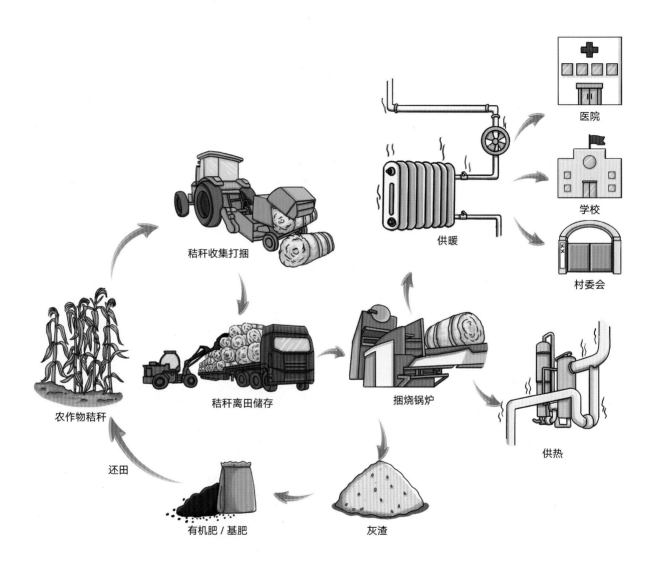

秸秆收集打捆

供暖

医院

学校

村委会

农作物秸秆

秸秆离田储存

捆烧锅炉

供热

还田

有机肥 / 基肥

灰渣

（2）生物质成型燃料供暖技术模式

生物质成型燃料供暖是将秸秆、果树剪枝等农林生物质压缩成颗粒状、块状和棒状等成型燃料可用于户用炊事及采暖，在生物质专用锅炉内燃烧产生热能，可进行区域集中供暖等。成型燃料燃烧产生的烟气经净化除尘处理后排放，产生的灰分可还田利用。成型燃料密度达 $0.8\sim1.2g/m^3$，含水率 $\leqslant 16\%$，低位热值 $\geqslant 12.6MJ/kg$，能量密度相当于中质烟煤，便于运输和储存。以户用采暖为例，采暖面积 $100m^2$，采暖 180d，配置供热功率 12kW 的炉具，每年消耗成型燃料约 4.5t。

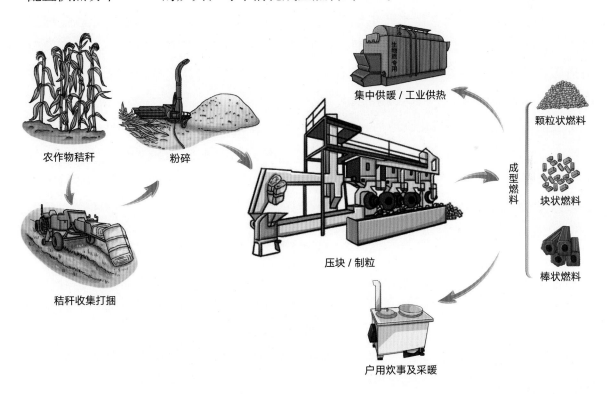

农作物秸秆

粉碎

秸秆收集打捆

压块／制粒

集中供暖／工业供热

成型燃料

颗粒状燃料

块状燃料

棒状燃料

户用炊事及采暖

7. 东北地区农村生活污水处理有哪些好的技术模式？

东北地区村屯分布疏散，冬季寒冷漫长，气候是影响农村生活污水处理技术选择的重要因素，需要充分结合当地情况，因地制宜选择适用于冬季寒冷气候条件、经济实用、操作简单的污水处理技术。农村生活污水处理技术模式主要有分散处理、集中处理两种，靠近城镇、有条件的村庄可纳入市政管网统一处理。

（1）分散处理技术模式

村民居住较为分散、污水产生量较少、地形地貌复杂的村庄，宜采用分散处理技术模式，主要采用三格式化粪池处理，相关处理设施应安装在冻土层以下，或采取保温措施。经过化粪池处理的出水可施用于农田、菜园和果园等，冬季出水可排入储存池储存；固态部分可用于生产农家肥。

生活污水进入三格式化粪池后，依次由 1 池流至 3 池，在池内经过 30d 以上的发酵分解，达到沉淀、杀灭寄生虫卵和病菌等目的。三格式化粪池的三格容积比例为 2∶1∶3，单户配置容积一般为 1.5~2m³，3~4 个月清掏 1 次。启动时需注意初始水位，运行时禁止扔入杂物，冬季运行时如进水管道污渍较多，应用热水清理。三格式化粪池结构简单、造价低、维护管理简便，基本无设备运行费，适用于各类地形条件的单户，但处理效果有限，出水水质较差，不宜直排，可施用于农田等。

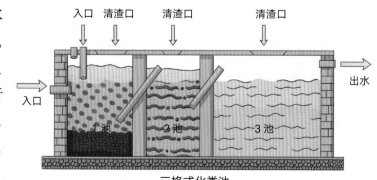

三格式化粪池

（2）集中处理技术模式

对于人口集聚、经济条件较好的村庄，可以采用管网或吸污车收集农村生活污水，再进行集中处理。其中，对于有自然池塘、闲置沟渠的村庄以及小规模聚居点（50～150户），可采用集中化粪池＋稳定塘处理模式；对于地形条件没有特殊情况的村庄，可采用生物接触氧化工艺（≥100户）或序批式活性污泥法（SBR）（50～300户）进行处理。

集中化粪池＋稳定塘处理模式。稳定塘也被称为氧化塘或生物塘，是一种利用水体自然净化能力处理污水的生物处理设施，主要借助稀释、沉淀、絮凝等物理方式和微生物、藻类等的联合作用来实现污染物的去除，出水可还田。集中化粪池＋稳定塘处理模式的投资费用和运行费用较低、维护管理简便，对病原体去除效果好，对氮、磷也有明显的去除效果。水生植物可以美化环境，但污染负荷较低，对有机物及悬浮物去除效果一般，且占地面积大，设计不当容易堵塞，处理效果受季节影响。

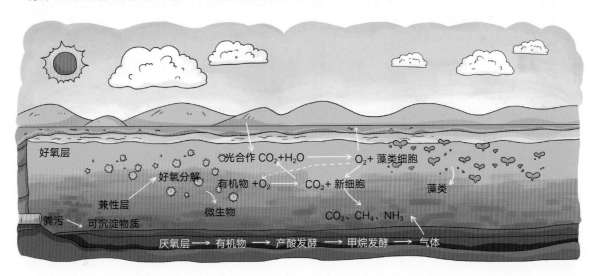

生物接触氧化工艺。主要由池体、填料、布水系统和曝气系统组成，通过池底曝气对污水进行充氧，并使污水处于流动状态，与填料充分接触，促进微生物分解污水中的有机物，达到净化污水的目的。该工艺结构简单、占地面积小、建设费用低，对污染物去除效果好，但对磷的处理效果较差。氧化池应建在室内或地下，并采取一定的保温措施以保证冬季运行效果。由于需要加入生物填料，该工艺建设费用较高，运行费用为 0.3 ～ 0.4 元 /t。

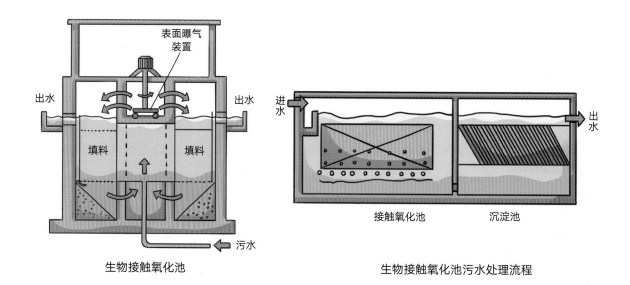

生物接触氧化池　　　　　　　　　　生物接触氧化池污水处理流程

序批式活性污泥法（SBR）。该技术集调节池、曝气池、沉淀池为一体，无需设置污泥回流系统，运行一般分为进水、曝气、沉淀、排水、闲置 5 个阶段，各阶段的运行时间、池内浓度与运行状况可根据进水水质及运行功能进行灵活调整。该技术工艺流程简单、运行管理灵活、基建费用低，具有较强的耐冲击负荷的能力，对有机物、病原体及悬浮物去除效果好，对氮、磷有去除效果，但对自控系统的要求较高，为间歇排水，因此池容的利用率不理想。维护费用较低，运行费用低于 0.5 元 /t。

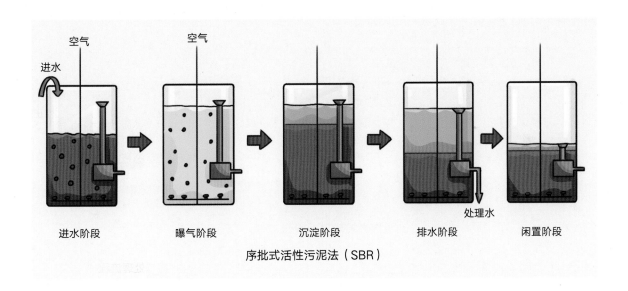

序批式活性污泥法（SBR）

8. 东北黑土保护区农业农村废弃物处理与循环利用技术模式图

有机肥料、清洁能源、灌溉用水　　清洁能源

区域特点　　　　农业　　　　农村

区域特点

- 中部和东北部平原广阔，西部高原平坦

- 夏季温热多雨，冬季漫长寒冷

- 河湖众多，水源充足

- 土壤主要为黑土、黑钙土

农业

种植

- 一年一熟
- 主要种植玉米、水稻、大豆
- 森林面积占全国 37%，林下经济发展较好

养殖

- 放牧和舍饲并存
- 2021 年肉类和奶类产量分别占全国总产量的 13.2% 和 25.3%

农村

- 农村居民人均可支配收入为中等水平

- 地广人稀，村庄分散

- 农村清洁取暖率不高，清洁能源需求量大

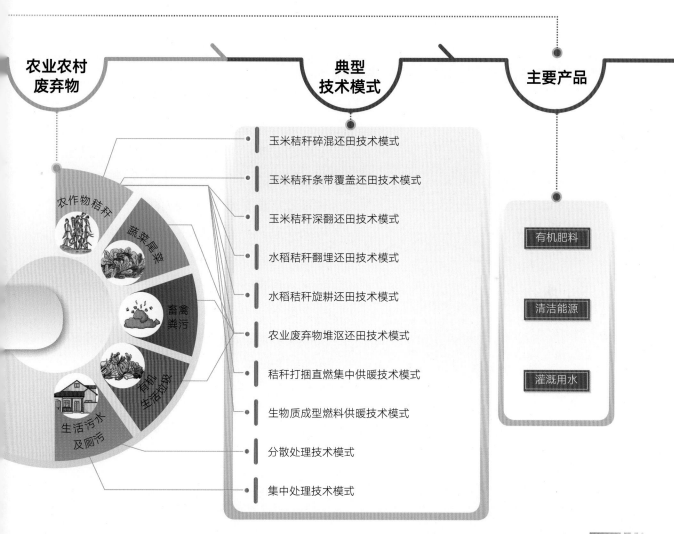

农业农村废弃物

农作物秸秆

蔬菜尾菜

畜禽粪污

有机生活垃圾

生活污水及厕污

典型技术模式

- 玉米秸秆碎混还田技术模式
- 玉米秸秆条带覆盖还田技术模式
- 玉米秸秆深翻还田技术模式
- 水稻秸秆翻埋还田技术模式
- 水稻秸秆旋耕还田技术模式
- 农业废弃物堆沤还田技术模式
- 秸秆打捆直燃集中供暖技术模式
- 生物质成型燃料供暖技术模式
- 分散处理技术模式
- 集中处理技术模式

主要产品

有机肥料

清洁能源

灌溉用水

黄淮海大气污染重点控制区

/// 1. 黄淮海地区主要包括哪些省份?

黄淮海地区区域范围

黄淮海地区北起长城，南至桐柏山、大别山北麓，西倚太行山和豫西伏牛山，东濒渤海和黄海，其主体为由黄河、淮河与海河及其支流冲积而成的黄淮海平原(即华北平原)，以及鲁中南丘陵地区和山东半岛。范围大致包括北京、天津、山东、河北、河南5个省份及江苏、安徽两省的淮北地区。该区域地势平坦、交通便利、人口众多，总面积59.89万 km^2，占全国陆地总面积的6.2%。

2. 黄淮海地区自然地理有什么特点？

地形条件： 地形以平原、丘陵为主，间有高山，其中黄淮海平原面积约32万 km^2。整体地势平坦，土层深厚，土壤肥力较高。

气候特点： 温带大陆性季风气候，光热资源较好，雨热同期。春季干旱少雨，多风沙天气；夏季高温多雨；冬季干燥寒冷。

水文情况： 主要河流包括黄河、淮河、海河等，地下水超采问题突出，已成为世界上最大的"地下水漏斗区"之一。

耕地情况： 耕地面积约3.5亿亩，占全国耕地总面积的18.3%。平均耕地质量等级为4.2等，土壤类型以潮土、砂姜黑土、褐土等为主，养分含量中等，灌排能力基本满足需要，部分耕地受轻度盐渍化影响。

耕作制度： 一年两熟。

3. 黄淮海地区农业生产现状如何？

黄淮海地区旱作雨养农业发达，是全国粮油生产大县分布最集中的地区之一。

种植业。农业机械化程度较高，以小麦—玉米轮作为主，蔬菜和油料作物为辅，作物单产高、生产总量大。2021年农作物播种面积约6亿亩，占全国总面积的23.8%。其中，小麦播种面积2.18亿亩，产量9 431.78万t，播种面积和产量均占全国总量的60%以上；玉米播种面积约为1.90亿亩，产量7 514.54万t；蔬菜播种面积7 455.44万亩。

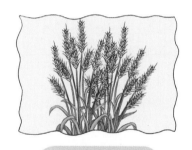

小麦播种面积
2.18 亿亩
小麦产量
9 431.78 万 t

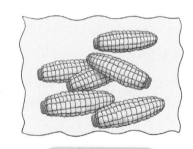

玉米播种面积
1.90 亿亩
玉米产量
7 514.54 万 t

蔬菜播种面积
7 455.44 万亩
蔬菜产量
25 395.16 万 t

养殖业。以集约化生猪养殖和家禽养殖为主，2021 年生猪出栏 1.60 亿头，占全国总量的 23.9%；家禽出栏 47.62 亿羽，占全国总量的 30.2%。肉类、奶类、禽蛋产量分别为 2 270.76 万 t、1 123.02 万 t 和 1 427.80 万 t，分别占全国总产量的 25.26%、29.72% 和 41.89%。

出栏生猪
1.60 亿头
肉类产量
2 270.76 万 t

存栏奶牛
278.28 万头
奶类产量
1 123.02 万 t

出栏家禽
47.62 亿羽
禽蛋产量
1 427.80 万 t

4. 黄淮海地区农业农村废弃物处理利用面临哪些问题?

（1）秸秆产生量大，处理窗口期短

黄淮海地区农作物一年两熟，种植茬口紧，麦收之后 10d 左右就需要播种玉米，秋收后不到 2 周就需要播种小麦。2021 年平均秸秆亩产生量为 498kg，是全国平均产生量的 1.37 倍，秸秆处理窗口期短，难度较大，还田作业强度较高。

（2）耕地有机质含量偏低

黄淮海地区是我国传统农业种植区，人口稠密，人均耕地少，农药、化肥施用强度较大。由于降水时间分布不均和长期大水漫灌，土地盐碱化较重，耕地有机质含量降低，与中低产区粮食增产增效目标仍有一定差距。

（3）畜禽养殖规模化率高，粪污产生量大且集中

黄淮海地区畜禽规模化、设施化养殖稳步发展，集约化程度高，粪污产生量大且集中，养殖场周边土地普遍承载力不足，种养脱节、养殖污水处理难等共性问题突出，粪污处置不当易对生态环境造成严重影响。

（4）农村地区清洁能源需求量大

黄淮海地区村镇生活用能以煤、电为主，两者占生活用能总量的 60%，冬季取暖主要靠散煤燃烧，对京津冀大气污染传输通道城市的空气质量有较大影响。近年来，国家大力推进北方农村冬季清洁取暖工作，取得显著成效，但"煤改电""煤改气"在经济条件一般、基础设施不完善的地区难以覆盖。

5. 黄淮海地区秸秆直接还田主要有哪些技术模式?

黄淮海地区秸秆直接还田的方式主要有小麦秸秆全量还田、玉米秸秆粉碎混埋还田等。

（1）小麦秸秆全量还田技术模式

该模式适用于小麦—玉米轮作种植区。小麦收获季节，在小麦联合收割机上加装后置式秸秆粉碎抛撒还田装置，一次性完成作物收获、秸秆粉碎和抛撒作业，秸秆粉碎长度 ≤ 10cm，留茬平均高度 ≤ 10cm。控制秸秆抛撒力度、方向和范围，抛撒宽度为 1 ~ 2.5m，覆盖整个收获作业幅宽，抛撒不均匀率 ≤ 20%。

技术流程：小麦收获—秸秆粉碎抛撒—免耕播种下茬作物。

小麦收获

秸秆粉碎抛撒

免耕播种下茬作物

（2）玉米秸秆粉碎混埋还田技术模式

该模式适用于小麦—玉米轮作种植区。采用玉米联合收割机收获玉米的同时将秸秆粉碎并均匀抛撒，秸秆粉碎长度 ≤ 10cm，留茬平均高度 ≤ 10cm。秸秆粉碎还田后，每亩均匀撒施尿素 5 ~ 7.5kg、腐熟剂 4kg，采用"每旋耕两年深耕或深松一年"的耕作模式。其中，深耕前施用基肥，使用铧式犁将地表的玉米秸秆深翻入土，耕后进行整平压实作业，深耕作业深度 ≥ 30cm；旋耕时，使用旋耕机将地表的玉米秸秆混埋入土，旋耕作业深度 ≥ 15cm。

技术流程：玉米收获—秸秆粉碎抛撒—撒施尿素及腐熟剂—深翻还田 / 旋耕作业—下茬作物播种。

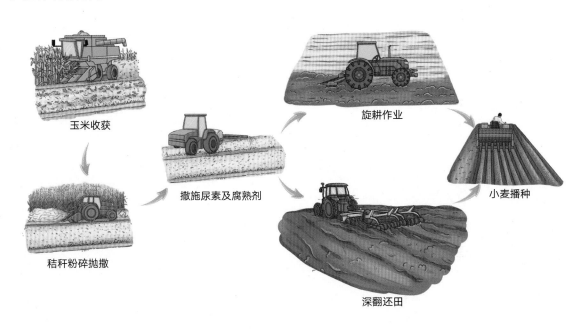

玉米收获

秸秆粉碎抛撒

撒施尿素及腐熟剂

旋耕作业

深翻还田

小麦播种

6. 黄淮海地区耕地有机质提升有哪些技术模式？

黄淮海地区畜禽粪污、秸秆、尾菜等农业废弃物经过集约化好氧堆肥、分布式小型堆肥等技术模式处理，可实现种养循环和废弃物资源化利用，提升耕地有机质含量。

（1）集约化好氧堆肥技术模式

该模式适用于大型规模化养殖场或粪污集中处理中心。好氧堆肥技术主要包括条垛式堆肥、槽式堆肥、滚筒式堆肥、反应器堆肥等。以畜禽粪污、秸秆、尾菜等农业废弃物为原料，加入发酵菌剂并混匀，调节碳氮比、含水率后发酵腐熟，生产的有机肥还田可增加土壤有机质。如生产商品有机肥，需符合农业行业标准《有机肥料》（NY/T 525—2021）的要求，其中有机质含量 ≥ 30%，总养分（N + P$_2$O$_5$ + K$_2$O）含量 ≥ 4%。

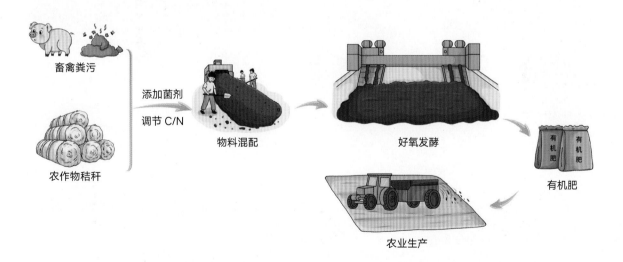

畜禽粪污

农作物秸秆

添加菌剂
调节 C/N

物料混配

好氧发酵

有机肥

农业生产

（2）分布式小型堆肥技术模式

该模式适用于农业园区及小型养殖场。将秸秆、尾菜、果树剪枝等种植废弃物粉碎后，与畜禽粪便或氮肥混配，调节堆料的碳氮比至（20~40）:1，调节发酵堆含水率至50%~60%，加入高效发酵菌剂，使用膜式反应器进行快速好氧发酵，制成有机肥料并就地还田。60m³的发酵堆可处理30亩农田或100亩林果地产生的废弃物，堆肥周期一般为20~30d。发酵过程中可间歇曝气或每7~10d卷膜翻堆1次。

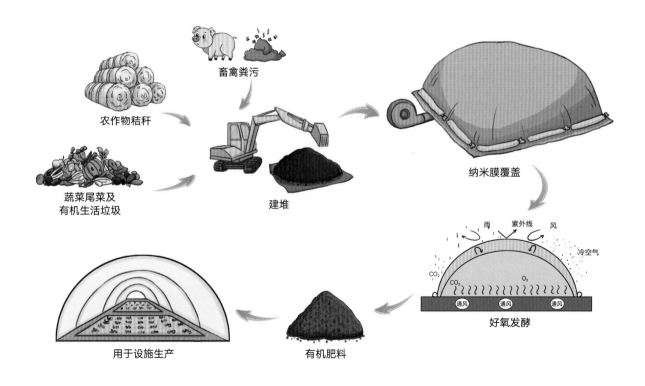

农作物秸秆

畜禽粪污

蔬菜尾菜及有机生活垃圾

建堆

纳米膜覆盖

雨　紫外线　风
冷空气
CO_2　CO_2　O_2
通风　通风　通风
好氧发酵

有机肥料

用于设施生产

7. 黄淮海地区农村清洁能源有哪些好的技术模式？

黄淮海地区秸秆等农业废弃物资源较丰富，煤炭消耗量大，天然气短缺，雾霾频发，大气污染防控压力大，村民居住相对集中，用能需求高，清洁能源宜发展秸秆成型燃料供暖、热解炭气联产集中供暖、规模化沼气／生物天然气等技术模式，其中秸秆成型燃料供暖技术模式参见本书第 15 页。

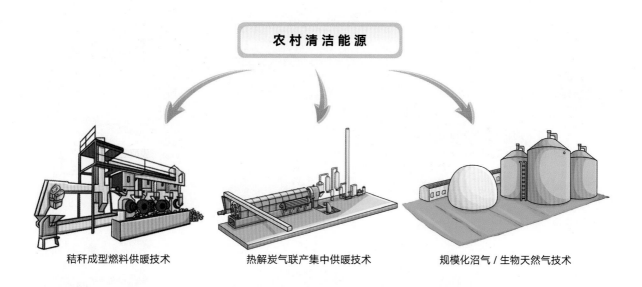

农村清洁能源

秸秆成型燃料供暖技术   热解炭气联产集中供暖技术   规模化沼气／生物天然气技术

（1）热解炭气联产集中供暖技术模式

热解炭气联产集中供暖技术模式是以秸秆、果树剪枝等农林废弃物为原料，采用热解技术将其转化为热解气和生物炭等，热解气经锅炉燃烧产生热能，可用于农村社区以及乡镇政府、学校、医院等集中供暖，生物炭可以制成炭基肥在农田施用。其中，热解气的热值达 12～20MJ/m³，焦油与烟尘含量低于 10mg/m³。热解气也可用于燃气发电机发电，余热用于集中供暖。

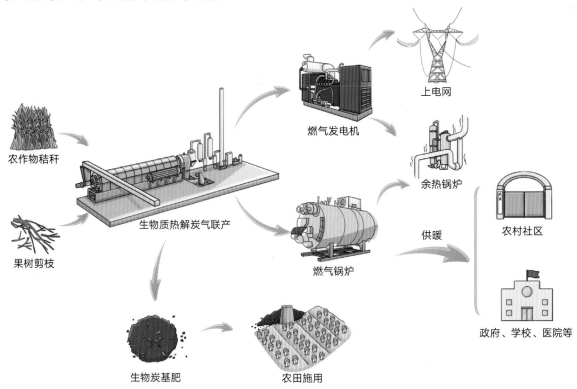

（2）规模化沼气／生物天然气技术模式

　　该模式是将畜禽粪污、秸秆、尾菜、有机生活垃圾等农业农村废弃物通过厌氧发酵生产沼气，经净化后通过管道集中供给农户用于炊事、采暖等，也可直接用于发电或提纯为生物天然气（甲烷含量 >90%），压缩后作为车用燃料等。沼气热值在 21MJ/m³ 左右，是一种可再生的清洁能源，副产物沼渣、沼液经进一步处理后可制作固体有机肥和液体肥。一般由沼气生产企业负责沼气生产或生物天然气提纯以及燃气管网的运营维护，并向用户收取燃气费用，实现市场化运营。日产 1 000m³ 的规模化沼气工程可满足 900 户居民的生活用能需求。

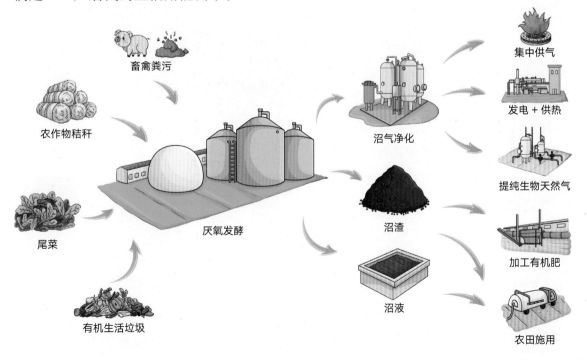

畜禽粪污

农作物秸秆

尾菜

有机生活垃圾

厌氧发酵

沼气净化

沼渣

沼液

集中供气

发电 + 供热

提纯生物天然气

加工有机肥

农田施用

8. 黄淮海地区农村生活污水处理有哪些好的技术模式？

黄淮海地区地形以平原为主，水资源较紧缺，农村人口密集，村落众多，污水产生量大，但人均污水产生量少于南方地区。在居住分散、地形复杂、不便于管道收集的地区，农村生活污水可采用分散处理技术模式；对新建村庄及休闲旅游度假村等可推广集中处理技术模式。

（1）分散处理技术模式

散户污水宜采用分散处理技术模式处理，可采用三格式化粪池处理技术，参见本书第 16 页。

此外，也可采用双瓮（双格）式化粪池处理技术。该技术适用于土层较厚、使用粪肥的地区，造价较低，用少量水便可冲厕。其原理与三格式化粪池基本相同。前瓮的作用是使粪污充分厌氧发酵、沉淀分层，寄生虫卵沉淀，粪渣、粪皮被过粪管阻拦，只有中层粪液可以通过过粪管进入后瓮。后瓮主要起储存作用，便于清掏。单个瓮的容积不小于 $0.5m^3$，瓮体高度不小于 $1.5m$。在寒冷地区应注意增加埋深、瓮体加脖增高以及采取保暖措施等。

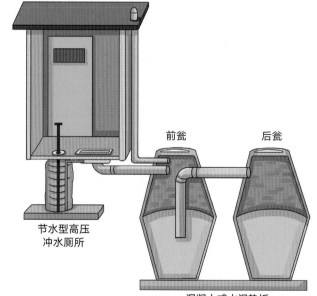

前瓮　　后瓮

节水型高压
冲水厕所

混凝土或水泥垫板

双瓮（双格）式化粪池

（2）集中处理技术模式

在人口密度高、经济发展好的平原村庄，可推行农村生活污水集中处理技术模式；对于乡镇所在地、中心村，可以统筹开展排水管网基础设施和污水处理设施建设；对于地域上相近的村庄，可采用区域统筹、联合共建的方式建设污水处理站，实现生活污水相对集中处理。在人口规模较小、居住分散的平原村庄，可推行分散收集、集中处理技术模式。集中处理技术模式可采用集中化粪池＋稳定塘处理模式、生物接触氧化工艺或序批式活性污泥法，参见本书第17~19页。

技术流程：生活污水管网收集／分散收集—集中处理—农田施用。

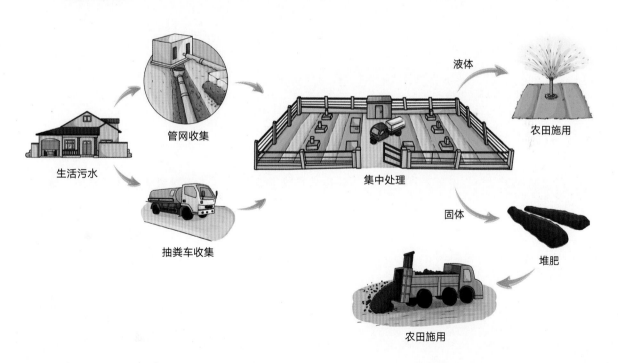

生活污水　　管网收集　　抽粪车收集　　集中处理　　液体　农田施用　　固体　堆肥　　农田施用

9. 黄淮海大气污染重点控制区农业农村废弃物处理与循环利用技术模式图

有机肥料、清洁能源、灌溉用水　　清洁能源、生物炭

区域特点

- 以平原、丘陵为主，地势平坦、交通便利
- 光热资源较好，雨热同期，四季分明
- 耕地面积辽阔
- 世界上最大的"地下水漏斗区"之一
- 雾霾频发，大气污染防控压力大

农业

种植
- 一年两熟
- 以小麦—玉米轮作为主
- 旱作雨养农业发达，全国粮油生产大县分布最集中的地区之一

养殖
- 畜禽养殖业发达
- 2021 年生猪出栏量占全国 23.9%
- 2021 年肉类、奶类、禽蛋产量分别占全国总产量的 25.26%、29.72% 和 41.89%

农村

- 农村经济较为发达
- 村落人口规模大，集聚度高
- 农村清洁能源需求量大

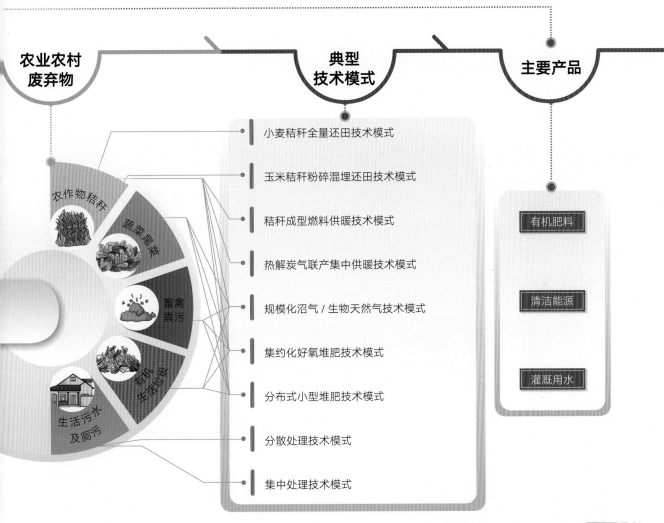

农业农村废弃物

典型技术模式

小麦秸秆全量还田技术模式

玉米秸秆粉碎混埋还田技术模式

秸秆成型燃料供暖技术模式

热解炭气联产集中供暖技术模式

规模化沼气／生物天然气技术模式

集约化好氧堆肥技术模式

分布式小型堆肥技术模式

分散处理技术模式

集中处理技术模式

农作物秸秆

蔬菜尾菜

畜禽粪污

有机生活垃圾

生活污水及厕污

主要产品

有机肥料

清洁能源

灌溉用水

华南及长江中下游农业面源污染防控区

1. 华南及长江中下游地区主要包括哪些省份？

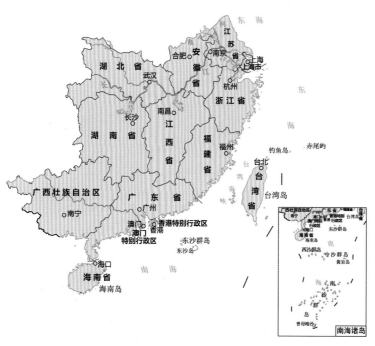

华南及长江中下游地区区域范围

华南及长江中下游地区，涵盖长江三峡及云贵高原以东、秦岭—淮河线以南的华中、华南及东南沿海地区，包括长江中下游平原、东南丘陵地区、雷州半岛、台湾岛、海南岛及南海诸岛。范围包括上海、湖北、湖南、江西、安徽、江苏、浙江、福建、广东、广西、海南、香港、澳门、台湾14个省级行政区，面积约占全国陆地总面积的15%。

2. 华南及长江中下游地区自然地理有什么特点？

地形条件：地形复杂多样，有河谷、平原、山间盆地等，浅、低、中山交错分布。

气候特点：包括亚热带季风气候和热带季风气候。华南地区年平均气温在18～29℃，年降水量在1 400～2 000mm，无霜期在350d以上，南部热带地区终年无霜；长江中下游地区年平均气温在14～18℃，年降水量在1 200～1 500mm，无霜期在200～350d。

水文情况：水资源丰富，河渠纵横、湖泊星布，是全国河网密度最大、淡水湖泊分布最集中的区域。

耕地情况：土壤主要为砖红壤、赤红壤、黄壤和水稻土等，植被丰富，有机质分解和积累迅速，土壤富含有机质，呈红色或黄色。耕地以水田居多。

耕作制度：一年两熟、一年三熟。

3. 华南及长江中下游地区农业生产现状如何?

华南及长江中下游地区经济相对发达，人口稠密，人多地少，农业现代化和美乡村建设水平居全国前列。该区域是全国重要的粮油生产基地、生猪集约化养殖集中区、淡水养殖集中区。

种植业。耕地复种指数、粮食单产等指标居各区之首。以水稻种植为主，小麦、玉米、油菜种植为辅，一年两熟或三熟。2021年稻谷播种面积2.83亿亩，占全国总面积的63%。

养殖业。以生猪、家禽养殖为主，畜禽养殖场规模相对较小。2021年出栏生猪2.52亿头，占全国总出栏量的37.5%；家禽出栏71.69万羽，占全国的45.5%。淡水养殖以淡水鱼、虾、蟹等为主，采用池塘养殖、稻田养殖等方式，2021年淡水养殖产品产量约2 361.34万t，占全国的74.2%，是我国水产养殖的主要区域。

稻谷播种面积
2.83亿亩
稻谷产量
128 35.14万t

油料播种面积
7 821.18万亩
油料产量
1 216.95万t

出栏生猪
2.52亿头
肉类产量
3 153.84万t

出栏家禽
71.69亿羽
禽蛋产量
1 427.80万t

水产品总产量
4 484.67万t
淡水养殖产品产量
2 361.34万t

4. 华南及长江中下游地区农业农村废弃物处理利用面临哪些问题？

（1）耕地质量有待提升

华南及长江中下游地区土壤以红壤为主，具有有机质含量少、酸性强、土质较为黏重、土层浅薄等特点。此外，该地区气候温暖潮湿，降水量大，水土流失较为严重；耕地复种指数高，化肥使用量大，土壤养分需求大，需要提高土壤pH，增加土壤有机质和养分含量，提升耕地质量。

（2）农业废弃物量大面广，面源污染问题突出

该区域水系发达，河流众多，养殖场数量多、规模不一，养殖总量大，粪污排放相对分散，土地承载力小，粪污消纳困难，易造成面源污染。淡水养殖带来的河湖污染，成为地下水硝酸盐污染、水体富营养化等生态环境问题的重要影响因素之一。此外，该区域水稻种植面积大，稻秸产生量大且集中，还田腐解时间短，易对水体环境造成影响。

（3）农村生活污水处理难度大

该区域人口密度大，村镇数量多，农村用水量相对较大，人均用水量高于全国平均水平；生活厕污等污水产生量大且相对集中，对污染治理技术及设备要求较高，水环境污染防治压力大。

5. 华南及长江中下游地区秸秆还田有哪些技术模式？

（1）双季早稻原位还田技术模式

南方地区双季稻生产需要进行早稻抢收和晚稻抢插，早稻秸秆的离田窗口期很短，宜将秸秆粉碎后直接原位还田，全覆盖或者部分覆盖田地表面。水稻秸秆的留茬高度宜在 20cm 以下，秸秆粉碎长度在 10cm 以下。后茬晚稻前期生产时配合增施氮肥，促进秸秆腐解。

技术流程： 早稻低留茬收获—秸秆粉碎抛撒—旋耕还田后平田—后茬水稻种植。

低留茬收获
（留茬高度在20cm以下）

旋耕还田

水稻种植

（2）稻田秸秆绿肥联合还田技术模式

采用机械收割中（晚）稻，留高茬 30～45cm，确保秸秆切碎并均匀抛撒。绿肥作物可在水稻收获前 15～20d 套播，也可在收获后择时撒播。在下一季水稻种植前，将粉碎的水稻秸秆与绿肥作物采用干耕湿沤的方式全量还田，可减少氮肥施用量 30%～40%，有效培肥地力，减少稻田甲烷排放。因地制宜选择紫云英、毛叶苕子、箭筈豌豆等绿肥作物品种。

技术流程：中（晚）稻高留茬收获—秸秆粉碎均匀抛撒—秋、冬季绿肥作物播种—绿肥作物田间管理—秸秆与绿肥作物共同翻压—灌水沤田—后茬种植。

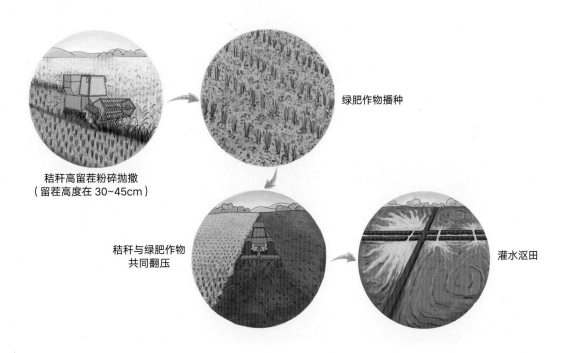

秸秆高留茬粉碎抛撒
（留茬高度在 30~45cm）

绿肥作物播种

秸秆与绿肥作物
共同翻压

灌水沤田

（3）秸秆堆沤腐熟还田技术模式

该模式适用于油菜秆、中晚稻秸秆等的腐熟还田利用。在油菜田和稻田的边角及旁边空闲地，将油菜秆、稻秸与适量微生物菌剂或畜禽粪便等混合后堆沤，使其矿质化和腐殖化，第二年耕作期间作为底肥还田。堆沤池深 30～50cm，建堆高度约 1.5m，每亩稻秸配备 2kg 腐熟剂、5kg 尿素、50kg 水；堆体温度达到 55℃ 以上时要翻堆；夏季腐熟 25d 以上，冬季腐熟 60d 以上。

技术流程： 油菜秆 / 稻秸收获粉碎—收集到田头—空闲地开挖堆沤池—建堆—堆沤腐熟—还田作为底肥。

（4）秸秆炭化还田技术模式

该模式适用于华南及西南地区存在酸化问题的退化耕地，可将秸秆、果树剪枝等转化为生物炭和热解气。生物炭可添加氮、磷、钾等养分或与有机物料混合发酵腐熟，制成生物炭基肥，施用后可缓解耕地存在的酸化、板结、黏重、污染等土壤退化问题；热解气用于炭化设备的辅助自加热，可有效降低设备运行能耗。炭化温度为400～700℃，生物炭的固定碳含量一般不低于25%。

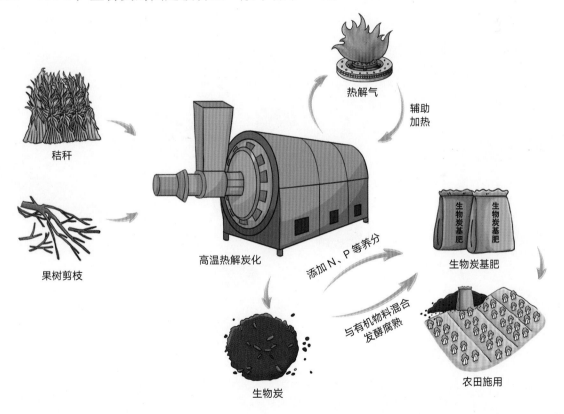

秸秆

果树剪枝

高温热解炭化

热解气

辅助加热

添加 N、P 等养分

生物炭基肥

与有机物料混合发酵腐熟

生物炭

农田施用

6. 华南及长江中下游地区农业面源污染防治有哪些技术模式?

(1)农业废弃物厌氧发酵气肥联产技术模式

该模式主要用于处理畜禽养殖场产生的畜禽粪污,兼顾处理秸秆、尾菜、有机生活垃圾等其他农业农村废弃物,沼气池容积与养殖规模匹配,生产的沼气可用于发电,或为养殖场区及居民供气,也可提纯为生物天然气。厌氧发酵工艺宜采用高含固量的液体发酵工艺或干法发酵工艺,产生少量沼液或几乎不产生沼液。沼液可还田施用或进一步加工为液体肥料,沼渣可加工为固体有机肥料。

（2）水产养殖尾水循环处理技术模式

该模式适用于南方地区集中连片的淡水池塘养殖尾水处理，主要有人工湿地、三池两坝、"一池一渠"、三级过滤池等类型，其中人工湿地尾水处理模式应用范围较广。人工湿地尾水处理设施主要由生态沟渠、沉淀池、复合型人工湿地构成，沉淀池中设置"之"字形挡水设施和生态浮床。人工湿地可生产水稻和茭白、莲藕等水生蔬菜，实现养殖尾水处理与种养生态循环，经处理的尾水可重新进入养殖池塘。人工湿地尾水处理模式中尾水处理面积应不少于养殖水面面积的10%，且应配备增氧机。

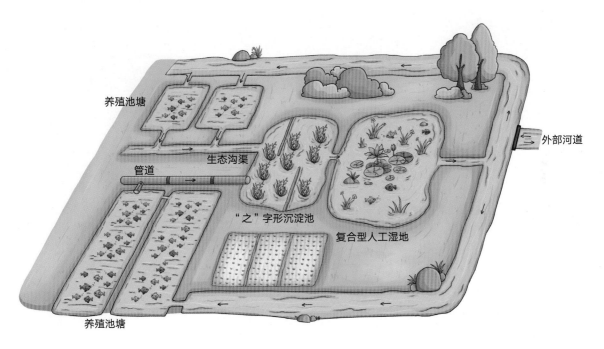

养殖池塘

生态沟渠

管道

"之"字形沉淀池

复合型人工湿地

外部河道

养殖池塘

（3）反应器堆肥技术模式

该模式适用于小中型畜禽养殖场产生的畜禽粪污，农业园区产生的秸秆、尾菜等农业废弃物，以及有机生活垃圾等农村废弃物的快速处理。常见的堆肥反应器有箱式、立式筒仓、卧式滚筒等类型。堆肥原料含水率调节至 45%～65%，堆肥过程中温度达到 55℃以上的天数不少于 5d。发酵产物腐熟后可还田利用，也可加工为有机肥、栽培基质等。该模式生产效率高、产品腐熟快，堆肥过程中方便收集处理臭气、渗滤液等污染物，但与简易堆沤还田相比，投资及运行成本较高。

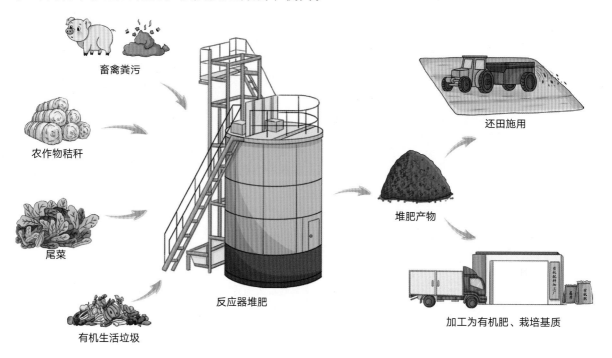

畜禽粪污

农作物秸秆

尾菜

有机生活垃圾

反应器堆肥

堆肥产物

还田施用

加工为有机肥、栽培基质

7. 华南及长江中下游地区在秸秆高值利用方面有哪些好的技术模式？

该地区经济相对发达，秸秆高值利用需求较为旺盛，发展潜力大。可采用秸秆热解炭气联产（参见本书第 32 页）、秸秆制糖联产黄腐酸肥等高值利用技术模式。

秸秆制糖联产黄腐酸肥技术模式。以秸秆为原料，采用预处理技术将木质素与综纤维素分离，其中综纤维素酶解转化为 C5+C6 混合糖，进一步经乳酸发酵、聚合制成聚乳酸，用于生产可降解餐具、可降解地膜及口罩、医用纱布和绷带等产品，应用前景广阔；富含木质素的糖渣经催化转化生产黄腐酸有机肥，可用于大田、设施农业生产等，实现秸秆高值利用。据测算，2.8t 秸秆约可生产 1t 混合糖和 1.8t 黄腐酸，净利润可达 2 000 元 /t。

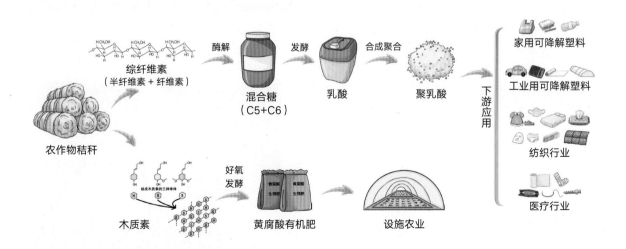

8.华南及长江中下游地区农村生活污水处理有哪些好的技术模式？

华南及长江中下游地区地形复杂，包括山地、丘陵、平原等，地势起伏较大，河网密布，降水量多，农村生活用水量较大，可根据地形、人口、用地以及经济发展水平等具体情况，因地制宜地选择分散处理技术模式或集中处理技术模式。

（1）分散处理技术模式

人口较少、居住分散的村庄，生活污水以分散处理为主，可采用三格式化粪池（参见本书第16页）、沼气池（参见本书第62页）等处理技术，出水可施用于农田；在土地较为充足的地区，可采用化粪池＋土壤渗滤系统工艺。

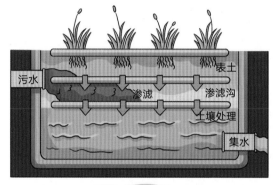

化粪池＋土壤渗滤系统工艺。经化粪池处理的生活污水被输送到具有特定结构及渗透性能的地下土壤中，通过毛细管浸润，利用土壤—植物—微生物净化系统，在物理沉淀、截留、化学吸附和微生物降解等的作用下被净化。工艺设施上方可建造菜园种植蔬菜。该工艺模式设施运行维护较为简单，运行费用低，但占地面积大，且可能出现堵塞等问题。

（2）集中处理技术模式

在人口集聚、村庄相对集中的地区，可因地制宜推广生物滤池＋人工湿地、生物接触氧化池（参见本书第 18 页）＋人工湿地、厌氧—缺氧—好氧工艺＋人工湿地等组合式集中处理技术模式。农村生活污水由管网或吸粪车收集，输送至污水处理站处理，再经人工湿地生态处理，出水可达标排放或浇灌农田。此外，也可采用厌氧—缺氧—好氧工艺等。

生物滤池。生物滤池由池体、滤料、布水装置和排水系统组成，以滤池中填装的粒状填料为载体，在滤池内部曝气，使滤料表面生长大量生物膜，利用生物膜中高浓度活性微生物的强氧化分解作用处理污水。生物滤池具有占地少、处理效果稳定等优点，适用于自然村或中小型聚居点的污水处理，尤其适合年平均气温较高、土地面积少、地形坡度大、水质水量波动大的村庄。进水悬浮固体浓度不宜大于 60mg/L，布水必须均匀，并定期检查是否堵塞。

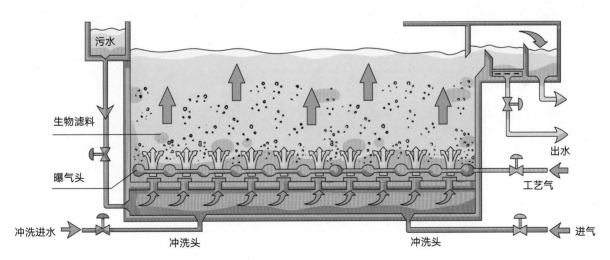

生物滤池

厌氧—缺氧—好氧工艺（A₂O 法）。 该工艺综合了传统活性污泥法、生物硝化及反硝化工艺和生物除磷工艺，是应用最广泛的脱氮除磷工艺，具有构造简单、运行方式灵活、HRT（水力停留时间）短、不易发生污泥膨胀、易于运维等优点，但运行稳定性不高，影响脱氮除磷效果，且基建费和运行费均高于传统活性污泥法。

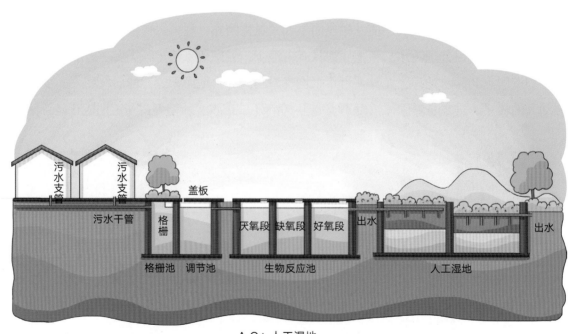

A₂O+ 人工湿地

人工湿地。人工湿地是在一定长宽比及底面具有坡度的洼地中，填装由砾石、沸石、细沙等混合组成的基质而形成的湿地。将污水、污泥有计划地投配到人工湿地中，生活污水在沿一定方向流动的过程中，在土壤、人工介质、植物、微生物的物理、化学和生物协同作用下被净化。人工湿地运行费用低，技术要求低，易于维护，处理效果好，景观效果好，但占地面积大，易受病虫影响，且工作机制复杂，适用于房前屋后有空闲土地的农村地区。

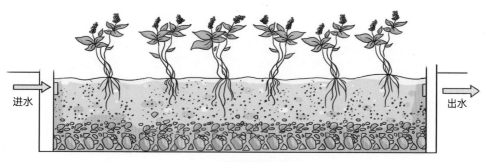

水平潜流湿地

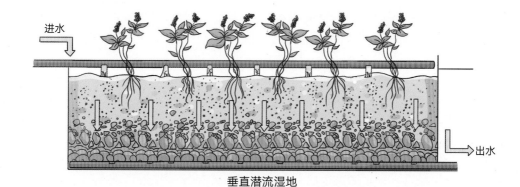

垂直潜流湿地

9. 华南及长江中下游农业面源污染防控区农业农村废弃物处理与循环利用技术模式图

有机肥料、清洁能源、灌溉用水　　清洁能源、糖平台化合物

区域特点

- 地形复杂多样，有平原、丘陵、山地等
- 水系发达，河流湖泊众多，水资源丰富，地下水位高
- 耕地复种指数高，土壤养分需求大
- 降水量大，水土流失较为严重
- 有机物消纳能力差

农业

种植

- 一年两熟或三熟
- 全国重要粮油生产基地
- 以水稻种植为主，2021年播种面积占全国总面积的63%

养殖

- 2021年生猪出栏量占全国总出栏量的37.5%
- 2021年家禽出栏量占全国总出栏量的45.5%
- 2021年淡水养殖产品产量占全国总产量的74.2%

农村

- 农村经济相对发达
- 人口密度大，村镇数量多
- 废弃物产生量大且相对集中

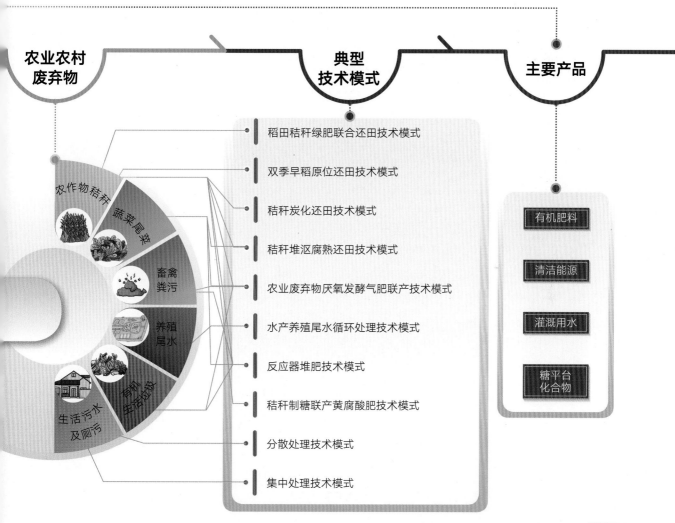

农业农村废弃物

- 农作物秸秆
- 蔬菜尾菜
- 畜禽粪污
- 养殖尾水
- 有机生活垃圾
- 生活污水及厕污

典型技术模式

- 稻田秸秆绿肥联合还田技术模式
- 双季早稻原位还田技术模式
- 秸秆炭化还田技术模式
- 秸秆堆沤腐熟还田技术模式
- 农业废弃物厌氧发酵气肥联产技术模式
- 水产养殖尾水循环处理技术模式
- 反应器堆肥技术模式
- 秸秆制糖联产黄腐酸肥技术模式
- 分散处理技术模式
- 集中处理技术模式

主要产品

- 有机肥料
- 清洁能源
- 灌溉用水
- 糖平台化合物

西南生态保育区

1. 西南地区主要包括哪些省份？

西南地区主要包括青藏高原东南部，四川盆地、云贵高原大部，两广丘陵西部。范围包括重庆、四川、贵州、云南、西藏5个省份，总面积234.15万km²，占我国陆地国土面积的24.4%。

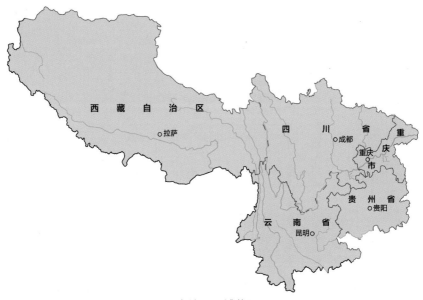

西南地区区域范围

2. 西南地区自然地理有什么特点？

地形条件： 西南地区包括四川盆地及周边山地、云贵高原中高丘陵区、青藏高原高山山地 3 个地形单元，区域内低地盆地、平原、小起伏低山、小起伏中山、峡谷等地貌形态分布不均衡。

气候特点： 四川东部盆地、重庆及贵州主要为亚热带季风性湿润气候，云南大部分属于亚热带高原季风气候，青藏高原为独特的高原气候。

水文情况： 年均气温 0～20℃，年降水量 800～1 600mm，呈"东多西少"分布。

耕地情况： 耕地总面积 2.46 亿亩，占全国耕地总面积的 12.8%；其中水田面积 7 266.6 万亩，占全国水田总面积的 29.5%。土壤主要为砖红壤、黄壤、紫色土、水稻土等类型，土壤普遍呈弱酸性，氮、磷、钾等养分及有机质容易流失，造成土壤退化。

耕作制度： 一年两熟至三熟，部分高寒山区一年一熟。

3. 西南地区农业生产现状如何？

种植业。农作物总播种面积3.92亿亩，约占全国总播种面积的15.5%。主要种植玉米、水稻、油菜、马铃薯等，其中薯类播种面积占全国总面积的47.7%。烟草播种面积967.5万亩，占全国总面积的60%以上。茶园面积2 160.3万亩，占全国总面积的43.5%。

养殖业。以生猪、肉牛、禽类、特色淡水产品为主。近年来生猪产能不断提升，养殖方式逐步向规模化转型，2021年，生猪年出栏量超过1.42亿头，占全国总出栏量的21.1%，其中，四川省生猪出栏量排名全国第一，达到6 314.8万头，规模以上养殖场1.4万家，规模养殖量约占养殖总量的一半。肉牛及禽类、特色淡水产品等仍以散户、家庭农场养殖居多。

稻谷播种面积
5 900.55万亩
稻谷产量
2 896.10 t

玉米播种面积
7 091.70万亩
玉米产量
2 591.50万 t

出栏生猪
1.42亿头

出栏肉牛
1 014.60万头

出栏家禽
15.39亿羽

4. 西南地区农业农村废弃物处理利用面临哪些问题？

（1）秸秆、粪污综合利用率相对较低

西南地区地形复杂、交通不便，缺少适宜在丘陵山地作业的农机具，秸秆收储运体系还不健全，秸秆以离田肥料化、饲料化利用为主，综合利用率低于全国平均水平。畜禽粪污主要为猪粪、牛粪和鸡粪等，受规模化养殖水平影响，小型养殖场的粪污资源化利用率相对较低。

（2）清洁能源供应不足，能源利用效率相对较低

西南山区农村经济发展水平相对落后，居民以散居为主，农业生产和农村生活炊事、取暖中使用薪柴的情况还较多，薪柴占比达到25%，能源利用效率相对较低，现代化、便利化的农村清洁能源供应不足。

（3）农村生活污水处理率不高

目前农村生活污水治理主要集中在经济发达的村落和旅游业发达的村落，其余地区大多未开展。西南山区村寨布局分散，大部分农村地区生活污水处理面临处理量大、投资高等问题，已建成的集中污水处理设施还存在管理制度不够完善、污水治理技术不够成熟等问题，污水处理率还不高。

5. 西南地区农业农村废弃物处理有哪些技术模式？

秸秆可采用发酵制备食用菌基料、炭化还田（参见本书第45页）、堆沤腐熟还田（参见本书第44页）、成型燃料（参见本书第15页）等技术模式处理。畜禽粪污等废弃物可以采用就近堆肥还田、户用沼气、厌氧发酵气肥联产（参见本书第46页）等技术模式处理。

（1）秸秆发酵制备食用菌基料技术模式

以水稻秸秆、小麦秸秆等为主，添加猪粪、鸡粪等畜禽粪便，混合发酵制备食用菌基料，可用于双孢蘑菇、竹荪、大球盖菇等高价值草腐菌的种植，生产后的菌糠废料可用于生产有机肥，形成"秸—菌—肥"生态循环。秸秆粉碎长度以20~25cm为宜，按照干秸秆40%~50%、畜禽粪便40%~50%、其他辅料3%~5%的比例混合，混合物料含水率保持在65%~70%，pH在8左右。

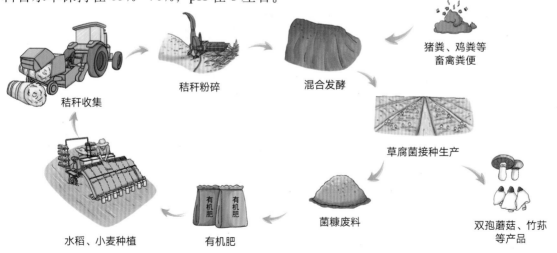

秸秆收集　秸秆粉碎　混合发酵　猪粪、鸡粪等畜禽粪便　草腐菌接种生产　双孢蘑菇、竹荪等产品　菌糠废料　有机肥　水稻、小麦种植

（2）有机废弃物就近堆肥还田技术模式

　　该模式适用于中小规模生猪养殖场以及肉鸡、蛋鸡、肉牛养殖场的畜禽粪污处理，畜禽粪污与秸秆、尾菜、有机垃圾等混合，经好氧堆肥生产有机肥，可就地就近还田利用。好氧堆肥反应高温期的温度可达50~70℃，发酵7~40d，其中条垛式堆肥时间较长，一般为35~40d，但固定投资较低、运行操作简单。也可采用反应器堆肥（参见本书第48页），堆肥所需时间短，一般为7~15d。

秸秆、菌渣、稻壳等辅料

生猪、肉鸡、蛋鸡、肉牛养殖场　　　　粪便　　　　好氧发酵

有机肥

就近还田利用

（3）户用沼气技术模式

该模式适用于山区分散养殖及小型家庭农场。以农户为基本单元，将厕所、畜禽舍、种植园区与沼气池相结合，产生的沼气可作为生活用能，用于农户日常炊事，沼肥用于果树、大田作物、蔬菜、饲草等作物种植，沼液经处理后用作追肥，秸秆、尾菜和饲草等可满足庭院畜禽养殖的饲料需求，形成养殖—沼气—种植"三位一体"庭院经济格局，实现生态良性循环。

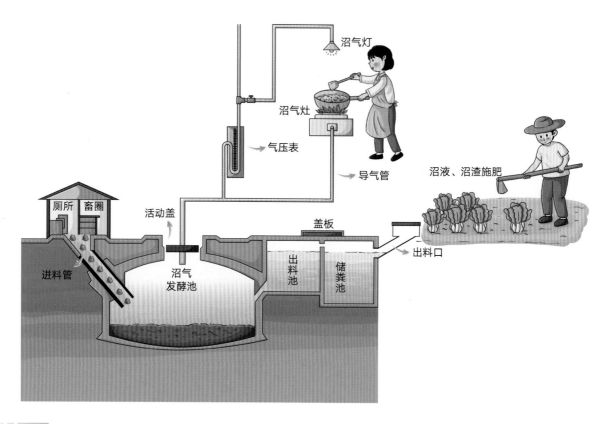

6. 西南地区农村生活污水处理有哪些好的技术模式？

西南地区气候条件多样，除了四川盆地外以山区为主，经济发展水平相对落后，需因地制宜选择技术投资较低、运行费用较低、便于运行管理的生活污水处理技术，对地形地貌复杂、距离城镇较远的单家独户，由于污水量较少，可采用沼气池＋农田利用（参见本书第62页）、化粪池＋人工湿地（参见本书第53页）、化粪池＋生态塘等处理模式。对人口相对较少、分散居住的聚居院落，可采用沼气池＋生物接触氧化工艺（参见本书第18页）；对人口较多的聚居区，可采用化粪池＋A_2O（参见本书第52页）＋人工湿地等工艺，建设集中处理设施。

生态塘处理技术模式。该技术模式是从氧化塘发展而来的污水生态处理技术模式，主要进行污水的二级深度处理。生态塘是利用水体的自然净化能力处理污水的天然或人工池塘，通过构建湿地植物、菌藻、微生物等的共生强化系统来去除有机物，以水生植物和水产、水禽的形式进行资源回收，净化后的水可用于浇灌农田以及周边边坡、荒地等。

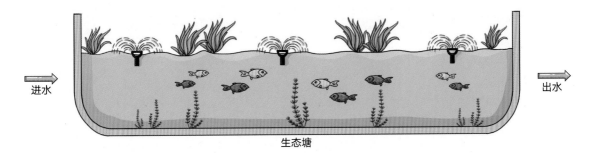

进水　　　　　　　　　　　出水

生态塘

7. 西南生态保育区农业农村废弃物处理与循环利用技术模式图

有机肥料、清洁能源、灌溉用水　　清洁能源、食用菌

区域特点　　　　**农业**　　　　**农村**

区域特点

· 山地为主，地形复杂

· 气候复杂多样，降水量东多西少

· 耕地呈细碎化特征，林地资源丰富

· 土壤呈弱酸性，有机质容易流失，易造成土壤退化

· 全球三大喀斯特地貌集中区之一，生态较脆弱

种植

· 一年两熟至三熟

· 以玉米、水稻、油菜种植为主

· 机械化水平不高

养殖

· 以生猪、肉牛、禽类、特色淡水产品为主

· 2021 年生猪出栏量占全国总出栏量的 21.1%

· 肉牛、禽类、特色淡水产品以散户、家庭农场养殖居多

· 农村经济发展水平相对落后

· 村庄分散

· 秸秆、薪柴等低品位能源占比较高

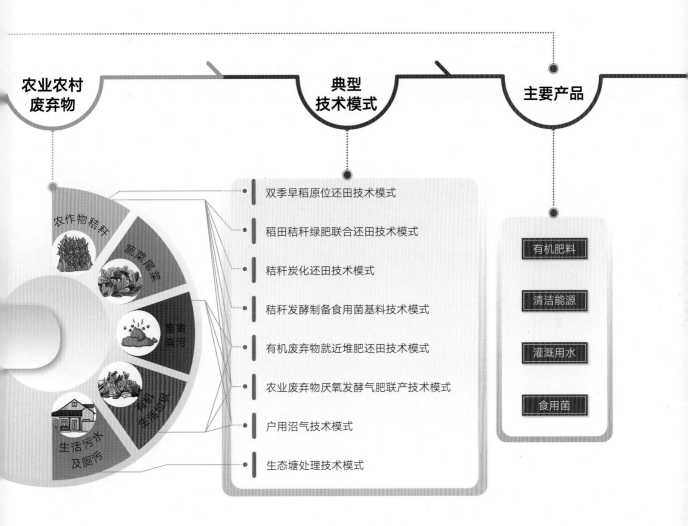

农业农村废弃物

农作物秸秆

蔬菜尾菜

畜禽粪污

有机生活垃圾

生活污水及厕污

典型技术模式

- 双季早稻原位还田技术模式
- 稻田秸秆绿肥联合还田技术模式
- 秸秆炭化还田技术模式
- 秸秆发酵制备食用菌基料技术模式
- 有机废弃物就近堆肥还田技术模式
- 农业废弃物厌氧发酵气肥联产技术模式
- 户用沼气技术模式
- 生态塘处理技术模式

主要产品

有机肥料

清洁能源

灌溉用水

食用菌

西北干旱区

⁄⁄⁄1. 西北地区主要包括哪些省份？

　　西北地区位于太行山以西，昆仑山－巴颜喀拉山和秦岭以北，包括柴达木盆地、塔里木盆地、准噶尔盆地和黄土高原的大部分地区。范围涵盖山西、陕西、甘肃、宁夏、青海、新疆和内蒙古 7 个省份，地广人稀，面积 375.97 万 km²，约占全国陆地总面积的 39.2%。

西北地区区域范围

2. 西北地区自然地理有什么特点？

地形条件：地处亚欧大陆腹地，地形以高原、山地和盆地为主，地势呈现"西高东低"三级阶梯状下降趋势。

气候特点：大部分属大陆性干旱半干旱气候，局部属高寒气候。全年干旱少雨，蒸发量大，大部分地区年降水量不足500mm，气温的日较差和年较差较大。

水文情况：河流和湖泊数量较少，且多为内陆河湖，有塔里木河、额尔齐斯河、渭河、青海湖、察尔汗盐湖等，是我国内陆河的主要分布区。

耕地情况：耕地资源丰富，主要为旱地，其中大多数属中低等地，面积约3.51亿亩，占全国耕地总量的18.3%。

耕作制度：一年一熟、两年三熟。

3. 西北地区农业生产现状如何？

西北地区是我国重要的粮食生产战略后备区和农畜产品生产基地，长绒棉及特色水果等农产品蜚声中外。

种植业。 2021 年农作物播种总面积 3.51 亿亩，其中粮食播种面积 2.21 亿亩，粮食产量 6 174.57 万 t。主要种植粮食作物、棉花、瓜果等，以旱作为主。其中，棉花播种面积 3 785.04 万亩，占全国总面积的 83.3%；产量 516.11 万 t，占全国总产量的 90% 以上，是我国最大的棉花产区。

养殖业。 主要养殖羊、牛等牲畜。2021 年，羊出栏 1.06 亿只，约占全国总量的 32%；肉牛出栏 971.10 万头，约占全国总量的 20.6%。从产品看，牛羊肉、奶、羊毛（绒）产量为 308.26 万、1 039.65 万和 18.15 万 t，分别约占全国总产量的 25.44%、27.52% 和 40% 以上。

粮食播种面积
2.21 亿亩
粮食产量
6 174.57 万 t

果园面积
4 419.60 万亩
果品产量
5 925.23 万 t

棉花播种面积
3 785.04 万亩
棉花产量
516.11 万 t

出栏肉牛
971.10 万头
牛肉产量
141.95 万 t

出栏肉羊
1.06 亿只
羊肉产量
166.31 万 t

4.西北地区农业农村废弃物处理利用面临哪些问题？

（1）气候干旱少雨，秸秆直接还田腐解难度大

西北地区土壤相对贫瘠，土壤有机质含量低，需要采用适宜的秸秆还田方式提升耕地质量。棉花秸秆、玉米秸秆等木质素含量较高且资源量大，直接还田后受地区气候条件影响，水分、温度等条件不足，腐解难度较大，且由于地膜广泛使用，秸秆直接还田会造成碎秆压膜、残膜清除困难等问题，需要采用适宜的还田作业机械和技术模式。

（2）草食动物养殖量大，粗饲料供给紧张

西北地区肉牛、肉羊等养殖规模较大，全年出栏量全国领先，是我国传统的草食动物养殖区，对秸秆、饲草等粗饲料的需求量很大，考虑到养殖经济效益及饲料自给能力提升，需要加快玉米秸秆、棉杆等农作物秸秆膨化加工、压块饲用、黄贮、微贮等饲料化产业发展。

（3）农村采暖以煤为主，清洁供暖需求较大

由于西北地区经济发展水平不高，燃气管网等基础设施落后，目前农村采暖的燃煤用量仍然很大，污染物排放量较大，可利用丰富的光热资源、生物质资源，进一步加大太阳能、生物质能等农村清洁供暖技术的推广应用力度。

5. 西北地区秸秆直接还田有哪些技术模式？

西北地区秸秆直接还田主要有棉花秸秆深翻还田、玉米秸秆少免耕还田等方式。

（1）棉花秸秆深翻还田技术模式

该模式适用于新疆等西北地区棉花规模化种植区。棉花采收后采用残膜回收机进行残膜捡拾作业，然后将棉秆粉碎后均匀抛撒在土壤表面，割茬高度≤8cm，粉碎长度≤10cm。秸秆粉碎后要及时深翻掩埋，耕深25cm以上，秸秆覆盖在地表10cm以下，耕后用残膜回收机二次回收地膜。基肥中要增加一定量的氮肥，以补充棉秆腐解时消耗的氮素，必要时可撒施秸秆腐熟剂。同时要注重土壤保墒，在还田前可适量茬灌，或者在还田后进行冬春灌。

技术流程：棉花采收—地膜捡拾—棉秆粉碎抛撒—撒施氮肥或腐熟剂—深翻还田—残膜捡拾—机械整地。

棉花采收　　　　　　　　地膜捡拾　　　　　　　　棉秆粉碎抛撒

机械整地后，准备第二年播种　　　深翻还田　　　　　　　　肥料撒施

（2）玉米秸秆少免耕还田技术模式

该模式适用于新疆、甘肃、宁夏等西北一年一熟区。在上一茬作物收获后，可选用整秆覆盖、秸秆粉碎覆盖或留茬覆盖等方式进行秸秆覆盖还田，地表秸秆覆盖率达到30%以上。将腐熟剂兑水后均匀喷洒在秸秆上。利用少免耕播种机进行玉米机播，同时铺设滴灌带，播种动土率小于40%，采用2行1管的宽窄行种植，宽行60～80cm，窄行20～40cm，窄行中铺设1根滴灌带，株距依密度确定，滴灌带浅埋深度≤5cm。

技术流程： 玉米收获—留茬覆盖还田—腐熟剂施用—少免耕播种—玉米生产。

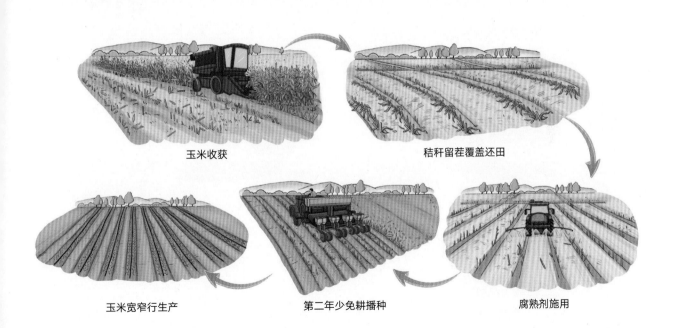

玉米收获　　　　　　　　　　　　　　秸秆留茬覆盖还田

玉米宽窄行生产　　　　　第二年少免耕播种　　　　　腐熟剂施用

6. 西北地区草食畜牧业发达，适合哪些秸秆饲料化技术？

西北地区秸秆饲料化技术模式主要有棉花秸秆膨化发酵加工、棉花秸秆混合饲料颗粒化加工、玉米秸秆黄贮等。

（1）棉花秸秆膨化发酵加工技术模式

将田间收集的棉花秸秆除尘、除杂后，经机器铡短、粉碎或揉丝成 3～5cm 的碎块，采用螺旋挤压膨化机进行膨化处理，降低棉秆中木质素和游离棉酚的含量。控制温度在 220～250℃，压力在 2.5～4MPa，保持 2～5min。随后为膨化后释压的秸秆补水，加入菌剂或菌酶联合生物制剂，将含水率调节至 50%～60%，搅拌均匀后用 4 层拉伸膜包裹、压实后入库发酵。

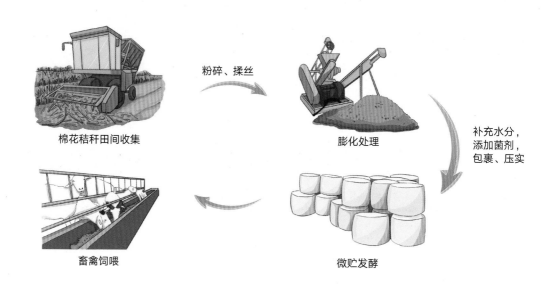

粉碎、揉丝

棉花秸秆田间收集

膨化处理

补充水分，添加菌剂，包裹、压实

微贮发酵

畜禽饲喂

（2）棉花秸秆混合饲料颗粒化加工技术模式

棉花秸秆收集后除尘、除杂，采用揉丝机进行揉搓破碎，筛网孔径以20mm为宜。与玉米粉、麦麸等饲料混合后制粒，揉丝、制粒等过程中的高温可使游离棉酚含量降低50%~60%，提高饲料的适口性和饲料转化效率。

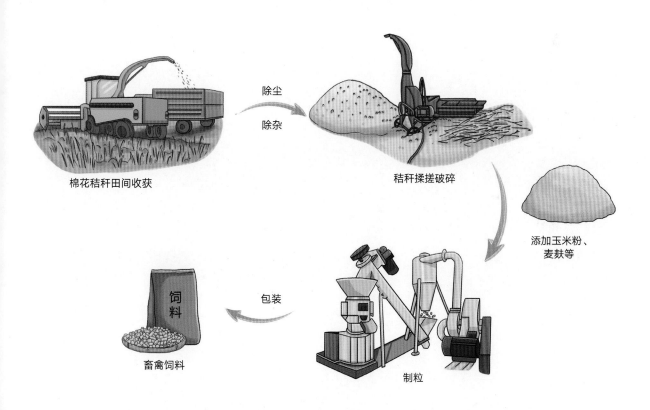

棉花秸秆田间收获

除尘
除杂

秸秆揉搓破碎

添加玉米粉、麦麸等

包装

饲料

畜禽饲料

制粒

（3）玉米秸秆黄贮技术模式

适用于气候、水土条件适宜且收贮条件较好的西北灌溉玉米区。玉米籽粒成熟后，利用拖拉机和可调式切碎机，或收割粉碎一体机一次性完成玉米籽粒收获、植株收割和粉碎等作业，割茬高度在 30cm 左右，切碎长度以 1～2cm 为宜。随后加入复合发酵菌剂，并将含水率调节至 60%～70%。如果采用窖贮方式，压实后贮料密度应达到 400kg/m³ 以上；如果采用裹包方式，将玉米秸秆压缩成草捆后，使用 3～4 层专用包膜包裹，通常采用露天竖式分层堆放方式贮藏。黄贮 40d 以上即完成发酵，制成畜禽饲料。

技术流程：玉米收获—玉米秸秆粉碎—窖存压实 / 打捆裹包—贮藏发酵。

7. 西北地区农村冬季清洁取暖有什么适合的技术模式？

西北地区冬季寒冷干燥，农村采暖以自采暖为主，煤炭消耗量大，清洁采暖率不足 30%，提升空间较大。可利用当地丰富的光热资源以及生物质资源，因地制宜采用秸秆成型燃料供暖技术模式（参见本书第 15 页）、太阳能＋生物质能分散供热/供暖技术模式。其中，秸秆成型燃料供暖技术模式适用于秸秆资源丰富的农村地区。

太阳能＋生物质能分散供热/供暖技术模式。该模式利用西北地区丰富的太阳能资源，采用太阳能集热器收集太阳热辐射，配套生物质炉具作为辅助热源进行采暖。白天主要利用太阳能加热储热水箱中的水进行供暖，夜间或阴雨天储热水箱水温低于设定温度时，启动生物质炉具作为辅助热源。以供暖面积 200m² 为例，配置 20kW 生物质锅炉，太阳能集热器面积按满足供暖需求的 30% 计算，约为 15m²，采暖时间 150d，综合计算采暖运行费约为 20 元/m²。

生物质成型燃料　　　生物质炉具　　　储热水箱　　　太阳热辐射

太阳能集热器

供热/供暖

8.西北地区农村生活污水处理有哪些好的技术模式？

西北地区整体较为干旱，年均气温偏低，农村生活用水量较少，大部分村庄仍在使用旱厕或改厕后的卫生厕所，宜采用结构简单、易于维护管理、运行成本低的处理技术。日常生活中洗衣、做饭产生的灰水，主要泼洒至庭院、草场等周围环境中，经自然蒸发、风干、下渗等途径排放，基本不会形成径流。因此，农村散户生活厕污处理主要采用生态旱厕技术模式，也可采用双瓮（双格）式化粪池（参见本书第34页）、沼气池（参见本书第62页）等。对于人口密度较大、居住相对集中、生活污水产生量较大的村镇，可采用 A_2O（参见本书第52页）+人工湿地（参见本书第53页）等技术，建设集中式污水处理终端。

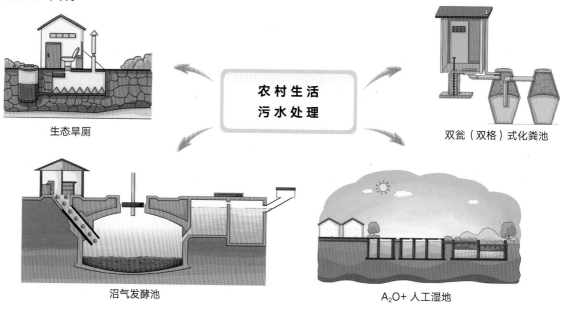

生态旱厕

农村生活
污水处理

双瓮（双格）式化粪池

沼气发酵池

A_2O+人工湿地

生态旱厕技术模式。该模式主要利用微生物分解粪污的特性，在适宜的温度和湿度条件下加快粪污发酵分解，减少臭味、异味的产生。以一家四口农户的生态旱厕改造为例，发酵室容积至少达 1.5m³，贮液桶容积不小于 50L。生态旱厕启用后，需要用秸秆粉、稻壳、草木灰等细碎物料覆盖粪污并搅拌发酵。日常使用后需要及时覆盖粪污，防止蚊蝇滋生。发酵室粪肥可清掏后作为农家肥使用。

技术流程：粪尿分离—菌剂处理—清掏还田／集中堆肥。

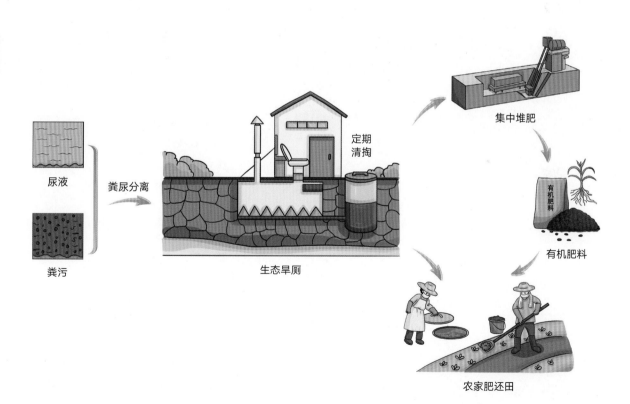

尿液

粪污

粪尿分离

定期清掏

生态旱厕

集中堆肥

有机肥料

有机肥料

农家肥还田

9. 西北干旱区农业农村废弃物处理与循环利用技术模式图

有机肥料、清洁能源、饲料　　　　清洁能源

区域特点

农业

农村

区域特点

- 以高原、山地和盆地为主，地势呈"西高东低"三级阶梯状下降趋势
- 大部分为干旱半干旱气候，降水稀少
- 耕地主要为旱地，且大多为中低等地，土壤有机质含量低
- 荒漠广布，风沙较多
- 光热资源丰富

农业

种植

- 一年一熟、两年三熟
- 以旱作为主，主要种植粮食作物、棉花、瓜果等
- 2021年棉花播种面积占全国总面积的83.3%

养殖

- 以羊、牛等牲畜为主
- 2021年羊出栏量占全国总量的32%
- 2021年羊毛（绒）产量占全国总量的40%以上

农村

- 经济相对落后
- 村落数量少、密度小
- 采暖以煤为主，清洁供暖需求较大

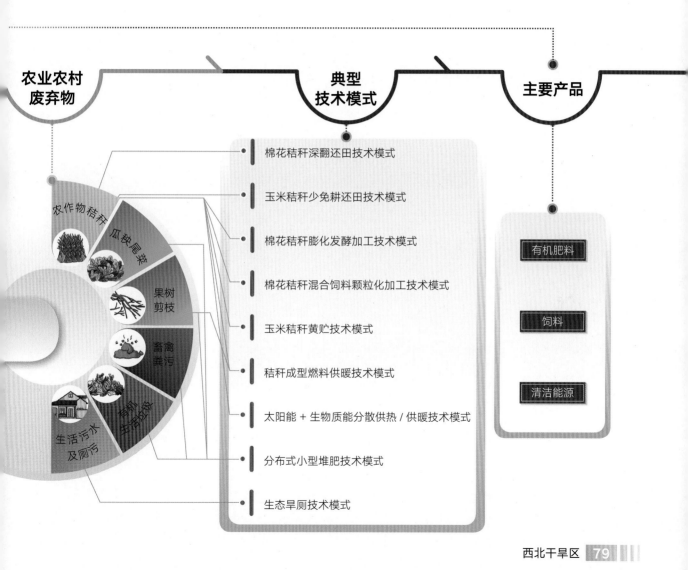

农业农村废弃物

农作物秸秆
瓜秧尾菜
果树剪枝
畜禽粪污
有机生活垃圾
生活污水及厕污

典型技术模式

- 棉花秸秆深翻还田技术模式
- 玉米秸秆少免耕还田技术模式
- 棉花秸秆膨化发酵加工技术模式
- 棉花秸秆混合饲料颗粒化加工技术模式
- 玉米秸秆黄贮技术模式
- 秸秆成型燃料供暖技术模式
- 太阳能 + 生物质能分散供热 / 供暖技术模式
- 分布式小型堆肥技术模式
- 生态旱厕技术模式

主要产品

有机肥料

饲料

清洁能源